TERRAIN ERRATIQUE ALLUVIEN

DU

BASSIN DU LÉMAN,

ET DE

LA VALLÉE DU RHONE DE LYON A LA MER.

PAR

R. BLANCHET.

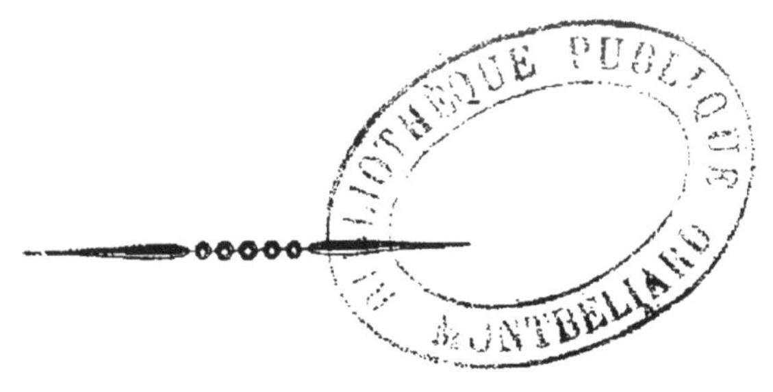

LAUSANNE,

LIBRAIRIE DE G. BRIDEL (SUCCESSEUR DE M. DUCLOUX).

1844.

AVANT-PROPOS.

La vallée du Léman, comme les autres vallées de la Suisse, n'a pas toujours eu le riant aspect qu'elle présente aujourd'hui. Il fut une époque où elle n'était point décorée de cette riche végétation, de cette superbe nappe d'eau, encadrée dans des montagnes majestueuses. L'étude des diverses couches du sol, de ces feuillets du grand livre de l'histoire de la terre, nous prouve que la surface du pays a été successivement recouverte par la mer, puis par d'énormes torrents et enfin par des glaciers. Chacune de ces périodes a laissé après elle des dépôts, qui forment autant de couches distinctes, dont la surface a aussi subi des relèvements et des abaissements.

Pendant toutes ces périodes, la basse Suisse a toujours été, comme aujourd'hui, une grande vallée et a présenté un ensemble géologique. Et si la chaîne du Jura n'était pas ouverte au Fort de l'Ecluse, le Rhône coulerait, comme les torrents tertiaires, dans la direction du nord, et se joindrait au Rhin; il passerait par Eclépens, Entreroche, Yverdon; car, d'après les recherches de M. l'ingénieur Fraisse, le point le plus élevé de ce passage près Entreroche, n'est qu'à 454 mètres au-dessus de la mer, tandis que le dos du mont de Sion, entre le Salève et le Vuache, dépasse 500 mètres; le sommet de cette montagne atteint 639 mètres.

L'archéologue, au moyen des médailles, des vases, des armes, des débris de monuments, de murailles, de fondements d'anciens édifices, de chemins, peut nous donner une idée de l'histoire des anciens peuples, qui ont habité un pays. De même le géologue peut tracer la carte des anciennes époques de la terre [1], par l'étude de la nature des roches et de leur disposition; par les fossiles, ces médailles de l'ancien monde; enfin, en comparant leur distribution avec ce que nous observons aujourd'hui à la surface de la terre.

Les couches les plus profondes que l'on rencontre dans nos vallées actuelles appartiennent au *Flysch* [2],

[1] Nous espérons pouvoir publier bientôt la carte géologique du Canton de Vaud. MM. Agassiz, Nicollet de la Chaux-de-Fonds et Guyot s'occupent depuis une dizaine d'années de l'étude des diverses formations du Jura vaudois et en ont dressé une carte, qu'ils ont eu l'obligeance de nous communiquer. Notre travail aurait encore été facilité par l'étude des fossiles recueillis dans notre pays, que paraît renfermer le Musée de Lausanne ; mais cette collection est d'un accès trop difficile, même aux personnes qui s'occupent de science. Ne faut-il pas attribuer à cette cause le peu de développement que la géologie a pris dans notre pays !

[2] On confond sous le nom de Flysch, plusieurs formations tout à fait distinctes, mais qui ont peut-être quelques rapports minéralogiques. Ainsi le Flysch du Désert près Chambéry, dans lequel les membres de la Société géologique ont trouvé une si grande variété d'écailles de poissons, paraît appartenir aux dépôts tertiaires et repose sur le Néocomien ; tandis que le dépôt dont nous parlons se

molasse marine caractérisée par l'absence d'animaux fossiles, mais abondante en plantes marines ; le *Fucus Targionii* et le *Fucoïdes intricatus* y sont fréquents. Cette roche constitue la pierre de Fenalet près St.-Gingolph ; elle est siliceuse, impropre à la fabrication de la chaux ; on peut minéralogiquement la confondre avec la molasse superficielle ; elle forme la base des montagnes de la Savoie qui nous avoisinent et de la chaîne qui part de Montreux, continue sous la Pleyau, le Moleson, la Béra, le Stockhorn.

Au-dessus se trouve le *calcaire de Meillerie* qui fournit une excellente chaux maigre ; cette roche offre rarement une stratification régulière comme le Flysch ; les fossiles y sont peu nombreux et appartiennent aux stations marines, ce sont des *Astrées*, espèces de Polypiers, des *Pecten, Ostrea*, diverses espèces d'*Ammonites*, entr'autres l'*Am. solaris*, et je crois y avoir trouvé l'*Ostrea Marshii* qui appartient à l'*Oolite* inférieure.

La partie supérieure des montagnes de la Savoie est vraisemblablement *Portlandienne ;* elle se prolonge sous notre molasse et constitue la base sur laquelle cette molasse repose. Les fossiles de cette formation sont assez fréquents dans les montagnes au-dessus de Vevey et de Châtel-St.-Denis [1]. Ces dépôts, ordinairement de

rapproche des formations liasiques ; le monticule sur lequel est situé le fort d'Alinges en Savoie appartient en entier à cette formation ; c'est la seule localité où nous l'ayons rencontrée à la surface du sol, sans qu'il soit recouvert par d'autres dépôts.

[1] Indication des espèces que nous avons pu déterminer : *Madriosaurus Hugii, H. v. Meyer ; Hemicidaris angularis, Ag.; Disaster Volzii, Ag.; Picnodus Jurassicus, Ag.; Aptychus imbricatus, Mey.; Ap. Levis, Mey.; Belemnites semisulcatus, Munst. : B. Hastatus ; Ostrea ; Amites ; Possidonia ; Ammonites triplex, Sow. ; A. flexuosus, Munst.; A. planulatus (polygyratus, L. de Buch); A. Bonneviliensis, Mayor; A. annularis, Ziet.; A. Sutterlandiæ, Sow.; A. Thimothei,*

peu d'épaisseur, d'une nature marneuse, riches en fossiles, caractérisent une mer peu profonde. Il n'en est pas de même du côté du Jura au-dessus de Nyon, où les couches de calcaire blanc de même formation sont puissantes, les débris organiques rares, ce qui indiquerait une pleine mer. Les fossiles sont plus fréquents de Lassaraz à Yverdon. Je ne connais pas de littoral avant Soleure.

Le terrain *Néocomien* repose horizontalement sur le Portlandien. La puissance des bancs néocomiens n'est pas considérable; ils ne s'étendent pas sous la molasse et ne l'entourent pas comme le terrain Portlandien. Le tertre de Chamblon [1] formait, pendant l'époque tertiaire, une île néocomienne; il y avait à Lassaraz un cap de même formation.

Après le dépôt de cette roche jaunâtre siliceuse, il n'en est pas moins resté une large vallée entre les Alpes et le Jura. C'est dans cette vallée que les torrents tertiaires ont charrié et accumulé les matériaux qui constituent la *molasse* suisse; ces torrents venaient du sud-est et passaient sur les *grès verts* dont ils ont entraîné les débris, tant minéraux que fossiles, que l'on trouve remaniés dans l'intérieur de notre molasse. Ainsi les *Natica*, *Turbo*, *Ammonites* et l'*Innoceramus sulcatus*, fossiles qui

Mayor; *A. Larguillierlianus*, d'*Orb.*; *A. constrictus*, *Sow.*; *A. polyploccus*, *Brown*; *A. lævigatus*; *A. Jason*; *A. Tatricus*; M. L. de Buch a eu l'obligeance de nous déterminer les deux dernières espèces. Nous en avons encore bon nombre à déterminer.

[1] M. H. Buttin a recueilli dans cette localité beaucoup de fossiles marins des *Terebratules*, des *Griphées*, des *Ammonites*, des *Amites*, des *Oursins*, des *Pectinées* qu'il a déposés dans la collection d'Yverdon dont il est le directeur. Ce petit musée renferme une des collections précieuses de la Suisse, ce sont les fossiles et surtout les *Ammonites* du géologue Bertrand qui jouissait d'une grande réputation scientifique il y a un siècle.

se trouvent en place à Bostang au fond du Val-d'Illiers.[1]

Ces dépôts tertiaires ont une puissance connue de 1600 pieds environ, depuis le niveau du lac à la Tour de Gourze, nous avons indiqué leur nature, leur distribution et leurs fossiles, dans notre *aperçu géologique des terrains tertiaires du canton de Vaud.*[2]

Sur la molasse et dans le voisinage des torrents actuels, on observe des dépôts de gravier, sable et limon, entremêlés de blocs plus ou moins gros. Nous avons cherché à connaître la cause du transport de ces débris, qui proviennent en grande partie des montagnes du Haut-Valais, mélangés avec ceux des montagnes qui nous environnent. La plupart des naturalistes anciens les attribuaient au *déluge* dont parle Moïse dans la Genèse, et par cette raison ils leur avaient donné le nom de *diluvium;* l'étude de ces dépôts ne paraît pas confirmer cette manière de voir.

[1] Ces fossiles et le sol dans lequel on les trouve, ont tout à fait la même apparence que le grès vert de la Perte du Rhône, ils ne sont pas noirs et durs comme ceux de Bostang et des Fiez; cela nous ferait supposer que les roches de grès qui ont fourni les matériaux pour les terrains tertiaires, n'avaient pas encore subi l'action du feu. Le voisinage de la masse ignée primitive leur a donné plus tard l'aspect et la dureté qu'ils ont aujourd'hui. En soumettant les fossiles de la Perte du Rhône au feu de forge, ils acquièrent la dureté et la couleur des pétrifications de la montagne des Fiez et Bostang.

[2] Indication des fossiles: Animaux terrestres: *Rhinoceros incisivus*, *R. minutus*, *Hyotherium medium*, *H. Meisneri*, *Pachyodon mirabilis*, *Palaeomerix Scheuchzeri*, *Equus caballus fossilis*, *Canis*, *Ursus*, *Testudo*, *Cypris elongata*, *Anadonta Lavateri*, *Unio ovatus*, *U. Solandri? U. prorectus? Planorbis cornu? P. Prevostinus? P. lens? Bulymus cylindraceus? Paludina elongata? Lymneus palustris? L. Pereger? Helix rhodostoma.* Plantes: *Palmacites Lamanonis*, *Calamites*, *Clidmeria*, *Populus*, *Rhamnus terminalis*, *Ostrea*, *Fraxinus*, *Gyrogonites* (*Chara helicteres?*) *Equisetum brachyodon?*

Animaux fluvio-torrentiels: *Emys*, *Trachyaspis* (voisin du genre Trionyx)

Animaux fluvio-marins: *Sphaerodus mitrula*, *Aetobatus arcuatus*, *Zygobates Studeri*, *Oxyrhina quadrans*, *O. Desorii*, *Lamna cuspidata*, *L. contortidens*, *Tetrapterus*, *Venus?* (*Mactra solida*, Necker), *Cytherea*, *Cerithium plicatum?* *Pecten*, *Patella*, *Cardium*.

D'après le chap. VII de la Genèse, la terre fut couverte d'eau jusqu'à la hauteur des plus hautes montagnes et les eaux se maintinrent durant cent et cinquante jours. Aucun fait rapporté ne nous autorise à penser qu'il y ait eu durant ou après cette époque un mouvement violent des eaux, au contraire l'arche de Noé s'arrêta tranquillement sur le mont Ararat.

Le déluge n'a pas plus charrié ces matériaux que déposé les coquillages sur les plus hautes montagnes, comme on l'entend souvent dire dans notre contrée. Ces coquilles sont fixées dans l'intérieur des rochers, souvent à une grande profondeur et font partie intégrante de la pierre; elles remontent aux époques géologiques dont nous avons parlé plus haut et sont de beaucoup antérieures au déluge. De plus, le déluge a duré trop peu de temps pour rien changer à la surface de la terre : les arbres mêmes se sont conservés vivants sous l'eau, témoin la feuille d'olivier que le pigeon rapporta dans l'arche.

Le déluge, dont on retrouve des traditions chez la plupart des peuples, n'a donc pu modifier la surface de la terre; les animaux sont morts et se sont décomposés sans se pétrifier, les eaux qui s'étaient graduellement élevées se sont abaissées de même, sans rien charrier, vu leur tranquillité.

La nature et la disposition des dépôts ne permettent pas de supposer qu'ils aient été entraînés par une débacle venant des Hautes Alpes, comme quelques géologues l'ont avancé.

On est obligé de chercher une autre cause du transport de ces matériaux.

Une nouvelle hypothèse est venue attirer l'attention des naturalistes. Jn. Prc. Perraudin, chasseur de chamois, de Lourtier, dans la vallée de Bagnes, a émis l'idée, déjà en 1815, que les glaciers avaient eu une étendue beaucoup plus considérable qu'aujourd'hui et qu'en particulier ils avaient transporté les blocs erratiques que l'on rencontre dans le voisinage de Martigny. M. l'ingénieur Venetz, suivant à cette idée, trouva dans tout le Valais la même distribution que Perraudin avait observée dans la vallée de la Dranse. Plus tard, M. de Charpentier a développé habilement l'ensemble du phénomène et, comparant ce qui se passe actuellement sur les glaciers et dans leur voisinage avec la distribution des blocs erratiques, il a prouvé d'une manière claire que l'hypothèse des glaciers était la seule qui rendait compte d'une manière satisfaisante du transport des blocs erratiques. Cette opinion a été confirmée par les belles recherches de MM. Agassiz et Guyot.

L'étude que nous avons faite des dépôts alluviens nous porterait à croire qu'ils sont le résultat d'une cause dépendante de la présence d'un glacier dans le bassin du Rhône. Ce sont les glaciers qui ont transporté la plupart des matériaux, et les torrents qui existaient à la même époque les ont charriés contre le glacier et leur ont donné leur disposition actuelle. Ces dépôts n'ont pas été formés en un moment, mais pendant une période assez longue. Le lit des torrents était souvent à sec et habité par divers mollusques, ainsi que le prouvent les coquilles terrestres trouvées dans les alluvions de la Sécille, près Nyon, et dans celles de Lyon.

Dans un premier mémoire, nous faisons connaître les dépôts du bassin du Léman; la carte ci-jointe, faite par M. Dumartheray, en indique la distribution.

Un travail de M. Desor sur le même sujet vient étendre le champ d'observation sur les anciens domaines du glacier du Rhône, le pied du Jura et la basse Suisse méridionale, et nous montre une distribution analogue.

Une course que nous avons faite dans le bassin du Rhône inférieur où le phénomène alluvien est plus complexe que chez nous, nous a permis cependant d'y reconnaître des dépôts stratifiés semblables à ceux que nous avons décrits dans notre premier mémoire; ils sont distribués de la même manière. La présence des blocs erratiques anguleux, polis et striés, des roches moutonnées et des mêmes fossiles, nous a porté à croire que c'était une cause analogue qui avait déposé les alluvions dans les environs de Lyon. Nous avons regretté d'avoir eu si peu de temps à donner à cette excursion; car l'étude de la vallée de l'Ardèche et de la plaine de Crau jetteront beaucoup de jour sur la question que nous nous sommes permis de soulever. Aussi nous comptons bien les visiter un jour.

Nous avons fait suivre notre travail de l'opinion d'un des plus habiles observateurs qui ait étudié les Alpes, du grand de Saussure, cherchant ainsi à recueillir les faits et les matériaux lithologiques propres à éclairer la question des terrains alluviens.

Le tableau indiquant la pente du Rhône dès sa source à son embouchure, donne une idée de la pente des glaciers qui ont rempli ces vallées; celui de Genève à la mer est extrait de l'ouvrage de M. Vallée; à cette occasion nous rappellerons un fait curieux : le Rhône est alimenté dans le Valais par 135 glaciers sur une distance de 35 lieues.

Nous terminerons enfin par remercier toutes les personnes obligeantes qui ont bien voulu nous faciliter dans nos recherches.

DU
TERRAIN ERRATIQUE ALLUVIEN
DU
BASSIN DU LÉMAN.

Depuis un demi-siècle, on a cherché à connaître la cause du transport des blocs erratiques. Les nombreux naturalistes qui se sont occupés de cette question ont émis diverses hypothèses; des recherches spéciales et approfondies tendraient à faire pencher la balance en faveur de celle du transport par les glaciers.

Ces glaciers partant des divers centres de montagnes des régions tempérées du globe, se seraient étendus par les vallées dans les plaines environnantes; en particulier, ils auraient couvert une grande partie de la basse Suisse. Parmi ces derniers glaciers, celui du Rhône serait seul remonté sur les flancs de montagnes opposées, le Jura et le Jorat, et y aurait produit des phénomènes particuliers; c'est de leur étude que nous voulons nous occuper.

Nous avons retrouvé dans la vallée du Léman les traces de deux grandes époques : *La première*, a déposé ses débris à une hauteur de deux à trois mille pieds au-dessus du lac : elle est caractérisée par les roches polies, par la présence des moraines, dépôts non stratifiés, mélange de blocs, de gravier et de sable, les roches portent les traces de frottement et poli, lorsque leur surface n'a pas été modifiée par l'action du temps.

Ces dépôts ont particulièrement conservé leurs formes dans les localités où les torrents n'ont pu les atteindre sur les plateaux, sur le flanc de quelques montagnes, dans les vallées; dans beaucoup d'endroits, surtout dans les points les plus élevés, sur le flanc des montagnes, ils se réduisent à des blocs épars, les eaux ayant emmené les menus débris.

Les cartes de M. de Charpentier et Guyot nous en montrent les limites.

Les témoins de la *seconde époque* s'observent depuis le bord du lac à une hauteur d'environ 630 pieds sous forme de dépôts étagés [1].

Elle est caractérisée par des lits alternatifs de gravier, sable et limon; sur les bords des dépôts se trouvent souvent des blocs de toute grosseur.

Les fragments de roches pris à une certaine profondeur, où ils sont à l'abri des agents extérieurs, nous ont offert les caractères suivants : les uns seront arrondis par le charriage, d'autres ont conservé une partie de leurs angles et portent les traces de broiement, ils sont striés et polis comme les débris de moraines actuelles. Les uns et les autres se distinguent facilement des galets des grèves de notre lac. Dans la partie orientale,

[1] Dans plusieurs localités on observe ces dépôts disposés en étages les uns au-dessus des autres, preuves de retraits successifs; on peut en voir en faisant la course d'Ouchy à Genève par le bateau à vapeur.

La terrasse du Petit-Ouchy et le grand dépôt sur lequel repose une partie de Lausanne, de Martheray à Montbenon.

La terrasse de St-Sulpice et celle d'Ecublens. Celle de Préverenges et celle de Lonay. Enfin celles de Perroy, Féchy, et le signal de Bougy. On en retrouve sur tous les bords du lac. M. Alphonse Favre a fait la même remarque aux environs de Genève, entre Plainpalais et Champel, et entre la ville de Genève et le village de Chables. Ces dépôts lui ont rappelé la disposition de ces mêmes terrains dans la vallée du Rhin.

aux environs de Lausanne [1] et de Vevey, presque tous ces fragments sont alpins, tandis que dans la partie occidentale les dépôts inférieurs sont presque exclusivement alpins, les moyens formés d'un mélange de fragments alpins et jurassiques, et les supérieurs, nous offrent souvent un limon calcaire portlandien blanc, fin, dans lequel on observe quelquefois des empreintes de feuilles et de débris de coquillages terrestres comme à la Sésille près de Nyon [2]. Les fossiles de ces terrains sont rares à Genève; M. de Saussure a décrit un bois de cerf et une dent de cheval; à Fribourg on trouva des défenses d'éléphant. Ces fossiles nous paraissent appartenir à l'époque tertiaire et ne se trouver dans ces dépôts que par un remaniement. M. Escher, de la Linth, a fait voir l'année dernière, à la société helvétique réunie à Lausanne, des coquilles fluviatiles et des bois butimineux avec débris de bouleau et de cône de sapin, qui n'ont pu être distingués des espèces vivantes. Il a trouvé ces fossiles dans la couche inférieure d'un dépôt erratique près de Rapperswyll.

[1] C'est dans un dépôt de ce genre que l'on a trouvé, en creusant derrière l'hôtel du Faucon, à Lausanne, à 20 pieds de profondeur, un bloc de *gyps*, sulphate de chaux épigène; son volume était d'environ 200 pieds cubes, sa forme arrondie, sa surface seule, sur une épaisseur d'une demi-ligne était légèrement altérée; le reste avait tous les caractères ordinaires de cette roche. Depuis, on a retrouvé, dans la même localité, un bloc plus petit, et sur Montbenon, deux blocs d'un pied cube de la même roche. Cette pierre ne résiste pas longtemps dans l'eau; au bout de peu de mois, les plus gros blocs que l'on extrait pour la fabrication du gyps, se dissolvent entièrement lorsqu'on les laisse tomber dans le lac. L'*anhydrite*, que l'on extrait des mines de Bex et que l'on jette dans la Gryonne, est aussi très-vite dissoute; on n'en trouve plus de débris depuis les Devens, situés à une demi-lieue en dessous de l'ouverture des mines. Il suffit d'un aussi petit trajet pour qu'ils disparaissent entièrement. Les fragmens de gyps dont nous venons de parler, doivent être les restes d'un éboulement énorme, car leur trajet le plus court, sur le glacier de Bex à Lausanne, n'a pu s'opérer que pendant un grand nombre d'années, temps pendant lequel les agents extérieurs ont dû singulièrement en diminuer le volume. Je n'ai jamais trouvé cette roche erratique a la surface du sol.

[2] Les feuilles me paraissent appartenir au genre *Alnus*, les coquilles aux genres *Helix*, *Succinea*, *Pupa*; elles m'ont paru identiques avec celles de Lyon.

Il serait plus rationnel d'admettre pendant cette époque de refroidissement des êtres analogues à ceux de notre époque, plutôt que des éléphants.

On ne rencontre ces dépôts que dans le voisinage des ruisseaux, des torrents, et leur étendue est toujours proportionnelle au cours d'eau qui les avoisine. Quelques-uns sont assez considérables pour nous offrir des plateaux d'une certaine étendue comme celui de St-Paul, au-dessus d'Evian, et ceux de Bière et de Bougy, au-dessus d'Aubonne. Dans les localités où le sol qui les supporte ne s'est pas affaissé, les stratifications ont conservé leur direction horizontale; cependant on ne peut pas dire qu'ils soient bien horizontaux ; on voit très-clairement au signal de Bougy, que le point extrême du côté du lac est plus élevé que les parties postérieures qui vont en s'abaissant jusques à Bière. Ensuite des mesures prises par les ingénieurs cantonaux, il y a une différence d'environ trente pieds entre le point culminant du signal et le village de Bière. Le bord de la plaine de Champagne, du côté du Toleure, est aussi de seize pieds plus élevé que la partie dans laquelle on observe les bonds. Plusieurs autres localités nous offrent la même pente en arrière. Est-ce le résultat d'un affaissement du terrain, ou d'une action analogue à celle des torrents qui accumulent toujours leurs débris dans la ligne centrale du cône de décombres?

La plus grande puissance de ces dépôts stratifiés de Bougy est de 450 pieds environ. On en voit très-bien le gisement sur la molasse près d'une carrière située sur un petit chemin qui longe la montagne à un quart de lieue à l'ouest de Bougy. Le dépôt s'arrête brusquement et ne continue pas à recouvrir le sol dans sa partie inférieure, où l'on peut suivre la molasse qui apparaît sous forme marneuse.

Du côté qui regarde le lac, la plupart des dépôts nous présentent des pentes abruptes, quelquefois de 60° comme à Bougy; ordinairement, l'angle est inférieur à 45°, on retrouve ces pentes, sur les flancs orientaux et occidentaux d'alluvions analogues. Ce sont ces diverses pentes qui nous ont aidé à retrouver les limites du glacier, dans la période alluvienne la plus longue, celle que nous avons figurée dans la carte ci-jointe.

A l'occident de Nyon, la coupure du sol permet de voir la stratification du cône de décombres du Boiron glaciaire, qui est plus élevé au milieu et abaissé sur les côtés, comme tous les cônes de décombres des torrents alpins actuels. En allant de Jongny à Châtel par la route neuve, on observe à gauche, en tournant le mont pour aller à la Combettaz [1], un de ces cônes parfaitement distinct; il a été formé pendant l'époque alluvienne glaciaire par le petit ruisseau la Bergère.

Ces alluvions qui recouvrent quelquefois une surface de terrain de plus de deux lieues dans le voisinage des torrents, manquent totalement dans les localités intermédiaires où l'on en chercherait en vain des vestiges, depuis le niveau du lac jusqu'à une hauteur de plus de 2000 pieds; on le voit surtout à Lavaux où le terrain est marneux et où on le laboure en entier toutes les années; sur certaines étendues on ne retrouve aucun dépôt de gravier sur toute la hauteur.

L'ensemble de la distribution de ces dépôts, nous ferait supposer que le glacier du Rhône, à l'époque alluvienne, a existé pendant une période très-longue dans des limites à peu près constantes; que sa hauteur variait sur ses bords depuis le niveau du lac à 600 pieds d'élévation; qu'il était plus élevé du côté de Savoie et dans les positions froides où il atteignait environ 700 pieds que dans les localités où nous cultivons aujourd'hui la vigne et qui jouissaient déjà d'un climat plus tempéré.

Le glacier aurait formé un barrage aux torrents qui se jetaient contre lui. Le volume des torrents était plus considérable qu'aujourd'hui, le pays n'étant pas recouvert d'une riche végétation, de terreau, de terres cultivées qui absorbent une grande

[1] C'est dans cette localité que l'on trouve le poudingue poli et strié, comme si le glacier existait encore dans le voisinage. L'enlèvement du gravier pour l'empierrement de la route, a mis à nu une des preuves les plus irrécusables du passage d'un glacier sur le Jorat.

quantité d'eau, et empêchent l'entraînement des terres. Les circonstances climatériques étaient aussi plus favorables aux orages comme elles le sont aujourd'hui dans les hautes vallées alpines.

Le lac Léman a-t-il toujours eu la même hauteur qu'il a aujourd'hui? La disposition des dépôts, entre Genève et la perte du Rhône, le lit du fleuve qui paraît taillé dans ces alluvions, nous ferait supposer que, pendant l'époque qui les a déposées, le Rhône passait au-dessus d'elles, pour suivre de là sa direction à la mer; d'après M. de Saussure, ces dépôts atteignent environ 300 pieds de hauteur; à Cartigny, les berges du fleuve ont environ 255 pieds.

Si le fleuve passait pendant ce temps au-dessus des alluvions, le lac se serait élevé à ce niveau, et nous retrouverions à la même hauteur, dans tout le bassin du Léman, une grève continue, témoin des anciens rivages, mais nulle part nous n'avons pu en retrouver des traces. M. Agassiz a observé dans la vallée de Glen-Roy, en Ecosse, des faits qui nous font connaître l'action de la présence d'un lac : ce sont trois chemins parallèles horizontaux qui suivent toutes les sinuosités de la vallée; le premier est à 972 pieds anglais au-dessus de la mer. Ces chemins sont visibles à l'œil nu sur une grande étendue, et le célèbre professeur de Neuchâtel estime qu'ils sont les restes d'anciennes grèves d'un lac glaciaire.

L'absence de cette grève sur les bords de notre lac et de tout dépôt dans l'intervalle des alluvions, nous ferait supposer que notre lac glaciaire différait peu en hauteur du lac actuel; ce qui confirmerait cette opinion, c'est la présence dans certaines localités chaudes et bien abritées des dépôts alluviens à une hauteur de 30 à 40 pieds au-dessus du lac comme on le voit à Lavaux et aux environs de Vevey; ces dépôts n'auraient pu se faire sous l'eau à différentes hauteurs, si cela avait eu lieu et qu'ils fussent le résultat d'un barrage d'eau, on les trouverait alors tous à une hauteur de 300 pieds environ qui est celle des alluvions les plus élevées des bords du Rhône en dessous de Genève.

Nous croyons que le passage actuel du Rhône a toujours subsisté pendant l'époque glaciaire. Au moment de la période extrême, celle des moraines, où le glacier envahissait tout le pays, les dépôts n'existaient pas entre Genève et le mont de Sion [1]; leur disposition en terrasses étagées indique qu'ils proviennent de plusieurs retraits : ils ont été formés pendant la période alluvienne, soit par la présence d'une bande de glace qui se serait conservée jusqu'à la perte du Rhône, à côté de laquelle ou sous laquelle coulait le fleuve, soit parce que le cours d'eau emmenait à mesure les débris qui arrivaient dans son lit. Dans ces localités, à Cartigny par exemple, les dépôts sont caractérisés inférieurement par une masse de cailloux arrondis et agglutinés sans traces de poli ni stries, d'une hauteur de 125 pieds : au-dessus l'on trouve environ 70 pieds de limon; la partie supérieure sur une épaisseur de 60 pieds, est formée de sable, de gravier et de blocs erratiques polis et striés. Les dépôts inférieurs paraissent provenir des débris des dépôts étagés que le glacier a laissés après ses retraits successifs; les eaux les ont remaniés plusieurs fois, tandis que les supérieurs, qui n'ont probablement subi qu'un seul charriage, ont conservé les traces de leur origine.

Dans son beau travail géologique sur le mont Salève. M. Alp. Favre admet deux étages dans le terrain diluvien, l'un inférieur *l'alluvion ancienne,* l'autre supérieur *le terrain cataclystique;* à la page 74 il estime que les deux étages ont été amenés par deux forces différentes. A la page 69 il indique la nature des cailloux de l'alluvion ancienne « outre les différentes » variétés du calcaire des Alpes, il a trouvé une grande variété » de roches primitives, des *quartz*, des *protogines*, des *schistes*

[1] Pendant un certain temps, une partie du glacier du Rhône aura déversé ses eaux et ses débris entre le Vouache et le Salève, avant la formation du mont de Sion, de manière que les fragments de roches alpines auraient pu être entraînés dans cette direction et se retrouver aujourd'hui dans les torrents de cette contrée. Peut-on expliquer de cette manière les observations de M. l'évêque Rendu et de M. le professeur Guyot, sur les cailloux du Rhône trouvés de l'autre côté du mont de Sion.

» *talqueux*, des *micaschistes*, des *gneiss*, des *syenites*; des *jades*, » de belles *euphotides*, des *serpentines*, qui viennent probablement de la vallée de Saas. »

Ce sont les mêmes roches qu'on trouve erratiques à la surface du sol dans le terrain cataclystique, et il nous est impossible de comprendre que ce ne soit pas une seule force qui a charrié les mêmes roches dans la même localité, et les a déposé en couches parallèles et horizontales. De plus, le transport de ces matériaux à travers le bassin du lac n'a pu s'opérer que par le moyen d'un agent solide. Nous admettons que les dépôts inférieurs proviennent des roches déposées sur les divers étages, que les roches remaniées plusieurs fois ont perdu leur poli et leurs stries, tandis que le lit supérieur, celui que l'on appelle terrain cataclystique a été déposé en place, ou n'a subi qu'un charriage qui a peu altéré la surface de ses matériaux.

Le dépôt de Bougy offre les mêmes caractères que ceux des environs de Genéve; on y trouve au fond des cailloux arrondis agglutinés. Puis des dépôts limoneux et des blocs erratiques; mais il n'est pas possible de se représenter que plusieurs causes aient concouru à sa formation, dans des époques différentes.

M. Dupont, ingénieur des mines de France, vient de publier ses observations sur les phénomènes diluviens de l'Ariège. il a rencontré des dépôts analogues, et, de plus, « si l'on remonte, dit-il, l'Ariège, on voit, au-dessus de Tarascon, » *plusieurs lignes de blocs parallèles au cours de la rivière.* » Les terrasses seraient-elles réduites à ces lignes de blocs par l'enlèvement des menus débris. Si le transport des dépôts et des blocs a été produit par une même cause, l'on aurait ici un point bien important qui appuierait ce que nous venons de dire plus haut sur une cause unique qui aurait produit tout le phénomène.

Les mêmes alluvions que nous avons observées sur les bords du Rhône, dès Genève, se retrouvent dans les vallées de la Dranse et de l'Arve; les berges que M. Necker a figurées dans ses études géologiques des Alpes et auxquelles il a donné le nom de *Crases*, ont la même configuration sur les bords du Rhône, de la Dranse, de l'Arve et à Bougy; mais, dans cette dernière localité, il n'a pu exister aucun agent quelconque qui aurait pu causer une pareille érosion, aucune rivière, aucun fleuve ne ronge le pied de ce dépôt, et s'il y en avait eu un, les débris de l'érosion se seraient accumulés en dessous des alluvions et dans les divers points inférieurs, mais le dépôt cesse subitement et la molasse marneuse se montre seule à nu.

Il n'y a que l'hypothèse d'un barrage qui, dans cette localité, puisse rendre compte de cet arrangement; serait-ce la même cause qui a agi sur les divers dépôts dont nous avons parlé et donné le relief actuel aux berges du Rhône, de la Dranse et de l'Arve. Si les torrents creusaient leur lit dans nos environs et si ce lit n'était pas le résultat d'une action erratique, la vallée du Rhône entre St-Maurice et Villeneuve devrait nous offrir des berges semblables. Mais en supposant le glacier dans la vallée du Léman, on admet qu'il était alimenté par le Valais et qu'il se prolongeait jusques à la Furca; on comprend alors que cette partie du fleuve ne soit pas encaissée et que les alluvions que les torrents charriaient se retrouvent à une certaine hauteur de la montagne à l'entrée de chaque vallée, à l'endroit où le glacier venait la barrer. Plus loin viennent les moraines; déjà à une hauteur de 375 pieds au-dessus du lac, on observe, entre les Devens et le Bévieux, celles que M. de Charpentier a décrites et on en retrouve une suite en montant Anzeindaz jusqu'à la moraine frontale des glaciers actuels. La distribution même des lieux, entre St-Maurice et Villeneuve, exige le relèvement du lit du fleuve. Ainsi aujourd'hui le Rhône a son embouchure au Boveret, tout nous fait présumer que, dans un temps plus ou moins long, il se jettera dans le lac à St-Gingolph : mais alors, il aura dû relever son lit dans la plaine, de manière à répartir sa pente jusques à St-Gingolph. Un jour le Léman sera comblé; l'on ne doit pas trop s'alarmer, nos neveux ne le verront pas; le Rhône devra conserver son lit à travers l'ancien bassin du lac, sans rien changer à son niveau près de Genève; en lui accordant la pente la plus douce, celle par exemple de la Seine aux environs de Paris, d'un pied sur mille toises, le fond du lit du Rhône au Boveret sera à 36 pieds au-dessus de son niveau actuel et toute la plaine d'Aigle se relèvera en conséquence. Bien loin d'avoir un abaissement ou un lit creusé, nous aurons, au contraire, un réhaussement. La pente du Rhône de St-Maurice à Villeneuve est de 108 pieds sur une distance de 4½ lieues; de Genève à la perte du Rhône elle est de 200 pieds environ sur une distance d'environ 7 lieues. Nous connaissons trois exemples où les torrents alpins ont été encaissés, mais artificiellement dans la plaine entre deux berges :

L'un vis-à-vis de Louëche, ensuite d'un travail fait par le gouvernement du Valais pour diguer l'Illgrab.

Un second à Vimmis dans le canton de Berne, le gouvernement de ce canton a fait creuser un lit au commencement du siècle passé à travers les alluvions erratiques, pour jeter la Kander et la Simmen dans le lac de Thoune.

Enfin, dernièrement M. l'ingénieur Venetz a forcé, au moyen de digues, de murs, le torrent de la baie de Clarens, près Vevey, de creuser son lit dans la partie orientale du cône de décombres. Mais partout ailleurs, nous avons observé que les torrents alpins, bien loin de creuser leur lit dans la plaine, l'exhaussent continuellement en charriant de nouveaux matériaux.

Nous croyons pouvoir conclure de nos observations :

1° Que l'étude approfondie des détails, paraît confirmer l'hypothèse du transport des blocs erratiques par l'action des glaciers; l'hypothèse des glaciers, explique la distribution, la nature des dépôts alluviens que l'on rencontre dans le bassin du Léman, en même temps que cette distribution appuie l'hypothèse des glaciers.

2° Que le relief de notre pays a peu changé depuis le dernier soulèvement qui a relevé en même temps les Alpes et la molasse, les alluvions ont été déposées depuis ce soulèvement.

3° Que dans nos contrées, il n'existe pas de terrain diluvien indépendant du phénomène erratique.

4° Que dans nos vallées sous-alpines, les torrents ne creusent pas leur lit, au contraire, dans la plaine ils le réhaussent continuellement si l'art ne vient pas contrarier la nature.

Nous avons joint à ce travail une carte indiquant la distribution des dépôts alluviens, ce qui nous a permis de figurer la distribution probable de la glace pendant la période alluvienne. Les limites extrêmes des glaciers du Rhône, de l'Arve et de l'Isère ont été tracées d'après la carte que M. le professeur Guyot a eu l'obligeance de nous donner. Les chiffres indiquent la hauteur en mètres au-dessus de la mer.

Lausanne, janvier 1844.

J'avais communiqué l'hiver dernier à mon ami Desor, le travail que l'on vient de lire ; l'intérêt que cet habile observateur porte à l'étude des phénomènes erratiques, le décida à venir me rendre visite et à voir par lui-même les alluvions de notre bassin. Plus tard, sous l'influence de ces observations, il a parcouru le pied du Jura et des Alpes ; de retour de ces courses, il a eu l'obligeance de me communiquer le mémoire suivant en me permettant d'en disposer, je le publie d'autant plus volontiers que M. Desor n'ayant pas été d'abord du même avis que moi, est arrivé par l'observation des faits, à me donner de nouvelles preuves de ce que j'avais avancé. Ce mémoire est donc un complément du mien.

Mon cher ami,

Je reviens d'une course erratique dans la Gruyère, je sentais le besoin d'arriver à une solution de la question des barrages, que vous êtes venu jeter au milieu de nos paisibles combinaisons. Je me suis donc mis en campagne ; j'ai d'abord parcouru avec Guyot le Jura neuchâtelois ; j'ai pénétré jusque dans l'Evêché ; plus tard, j'ai visité les environs de Soleure de Granges de Bienne et récemment je me suis aventuré sur les hauts cols de la Gruyère.

Je viens de dicter le résultat de mes courses à M. Charles. Tenant à ce que vous puissiez en tirer quelque parti, je veux les relire et recueillir les observations d'Agassiz et de Guyot, je vous promets le tout pour après demain. Croyez, etc, etc.

E. Desor.

Neuchâtel, 6 juin 1844.

MÉMOIRE DE M. DESOR.

Tout ce que nous avons vu ensemble le long des rives du Léman rentre dans la catégorie des dépôts glaciaires ou phénomène erratique. J'ai trouvé des dépôts tout à fait semblables à ceux de Lausanne et de Cully, sur plusieurs points du Jura, entre autres derrière la Neuveville, sur la route de Bienne, près de Granges et à la Prise-Chaillet au-dessus de Colombier. On reconnaît aussi ici une sorte de stratification et l'on pourrait aussi, avec un peu de bonne volonté, y voir des couches cintrées. Les galets y sont rayés, surtout les galets de calcaire et même quelques-uns de gneiss et de granit. On voit en outre de très-gros blocs surgir de la tranche du dépôt; les uns sont arrondis, les autres sont anguleux. A Grange, il y a entre autres des blocs arrondis de molasse de 4 à 5′ de diamètre, et les blocs gneissiques et granitiques y sont en décomposition, comme dans la plupart de ces dépôts, ce qui est encore une particularité assez bizarre des dépôts glaciaires. D'autres dépôts également partiels ne montrent aucune trace de stratification, entre autres un dépôt au-dessus de St-Blaise sur la route d'Enges et un plus curieux près de Dièze. Enfin le plateau de Bougy a aussi son analogue chez nous dans le plateau de Trois-Rods derrière Boudry, avec cette différence pourtant, que le dépôt est bien moins épais. Il y a même près de Trois-Rods un endroit où la stratification est très-distincte. Ce qu'il y a en outre de remarquable, c'est qu'ici les couches sont inclinées sous un angle de près de 10° au sud.

Je ne pense pas que la hauteur absolue de ces dépôts soit d'une bien grande importance. Aux environs de Neuchâtel ces dépôts sont, il est vrai, à la même hauteur qu'aux environs de Lausanne (5-700′ au-dessus du lac); mais à la Neuveville et à Grange, ils ne sont guère qu'à une cinquantaine de pieds et cependant tous ces dépôts sont trop semblables pour qu'on puisse les séparer. Le limon varie considérablement suivant les localités; ainsi près de Colombier il est ferrugineux ou ocracé, comme à Bière, sans doute, parce qu'il provient de la décomposition du Néocomien. Aux environs de Grange, où le Néocomien n'existe pas, le limon est au contraire très-blanc dans certains endroits, sans doute parce que sa substance lui a été fournie par le Portlandien. Dans ces deux localités, ainsi qu'aux environs de Neuchâtel, les galets sont en majeure partie jurassiques. Faut-il maintenant accorder une valeur capitale à ces traces de stratification et séparer complétement les dépôts qui montrent quelques indices vagues de couches de ceux où aucune stratification n'est visible? Je ne le pense pas pour plusieurs raisons, d'abord, parce que dans ce cas il faudrait séparer complétement le dépôt de Dièze qui ne montre aucune stratification de ceux de Neuveville, et de même ceux du Plan, près de Neuchâtel, de ceux de Trois-Rods. Or, il suffit d'avoir comparé ces localités pour demeurer convaincu, qu'ils sont l'effet d'une même cause.

Un dépôt tout à fait semblable par sa structure mais différent par la nature de ses roches, se voyait jusque dans ces derniers temps sous les remparts de Berne; seulement comme il n'était pas adossé contre une montagne, il affectait la forme d'un rampart dont les prolongements se reconnaissent encore à droite et à gauche[1]. Ici aussi on remarquait çà et là, d'après M. Studer, quelques traces vagues de stratification. Un autre dépôt de même nature, mais un peu plus terreux, avec des traces de stratification et de gros blocs en décomposition, est adossé contre une colline molassique, derrière le village de Mouri, près de Berne. Enfin M. Studer a découvert récemment, tout près de ce village, sur la route de Berne à Thoune, un rempart de forme cintrée qui se prolonge dans la campagne d'Elfenau, et qui a tout à fait la forme d'une véritable moraine. Les blocs y sont si nombreux qu'on les a exploités jadis en guise de car-

[1] Nous croyons que c'est la moraine frontale de l'ancien glacier de l'Aar.

rière et on les voit encore à l'heure qu'il est surgir du sommet et des flancs de ce rempart, quoi qu'il soit entièrement boisé. Ce sont essentiellement des granits et des gneiss du Grimsel.

Ainsi nous passons insensiblement des dépôts glaciaires adossés contre le Jura et vaguement stratifiés aux dépôts également adossés mais qui n'ont plus aucun indice de stratification, et de ceux-ci aux dépôts de même nature, en forme de rempart et que l'on envisage, par cette raison, comme de véritables moraines.

Mais, me direz-vous, que signifie une moraine avec stratification? Il est vrai que jusqu'ici on n'a guère signalé des traces de stratification dans les moraines de notre époque. Cependant vous savez que les petits lacs et flaques d'eau qui existent par-ci par-là entre le rocher et la moraine (au glacier de l'Aar, au glacier de Grindelwald, etc.) donnent lieu à des couches très-limitées, il est vrai, mais qui n'en sont pas moins des couches. Si ces traces de stratification sont plus fréquentes dans les anciens dépôts glaciaires, c'est qu'à l'époque du retrait du grand glacier du Rhône, les torrents, par cela même, qu'ils étaient, comme vous le dites, beaucoup plus abondants que de nos jours, devaient aussi façonner davantage les moraines du glacier. Il est d'ailleurs plusieurs faits qui sont de nature à faire supposer une simultanéité de l'action des eaux pendant la formation de ces digues glaciaires. Vous vous rappelez que sur le plateau de Bière, la couche la plus superficielle est composée de cailloux jurassiques empâtés dans un limon rougeâtre, et que les cailloux alpins et les gros blocs qui percent, çà et là, sur la tranche de l'escarpement de Bougy, appartiennent à des couches bien inférieures. Cette couche de galets jurassiques a, par conséquent, dû se déposer la dernière. Or voici comment j'imagine que les choses ont dû se passer. Le glacier a été stationnaire pendant un temps plus ou moins long à la hauteur des dépôts de Bougy et de la Dranse; pendant ce temps et à mesure qu'il se retirait des flancs du Jura et de la Dent Doche, dans les limites que lui assigne votre carte, les torrents temporaires qui descendaient de ces montagnes ont dû commencer par accumuler contre ses flancs les détritus alpins que le glacier y avait préalablement déposés et qui furent ainsi mélangés avec les moraines réelles. Plus tard, quand tous ces débris furent balayés, les torrents n'ont plus entraîné que des débris de roches calcaires qu'ils enlevaient aux flancs du Jura et dont ils ont formés la couche superficielle. Ainsi s'expliquerait par l'action simultanée de torrents descendant du Jura et dont les détritus se seraient combinés avec les moraines d'alors, d'une part cette stratification imparfaite de toute la masse et d'autre part la présence de gros blocs anguleux dans les couches sous-jacentes à celles des galets jurassiques. En supposant qu'à l'époque de la déposition de ces digues glaciaires, le glacier allait en diminuant d'épaisseur d'O. en E. le long du Jura, cela expliquerait pourquoi les dépôts de Neuveville et de Grange sont à un niveau beaucoup plus bas que ceux de Trois-Rods, près de Neuchâtel.

De pareilles combinaisons entre l'action torrentielle et celle des moraines ont dû se produire à plusieurs reprises, et la forme étagée des flancs du Jura est tout à fait de nature à la favoriser. Aussi est-il reconnu que tandis que les blocs gisent de préférence sur les pentes, les cailloux et les galets sont étagés sur les terrasses. Si les grands blocs n'ont pas été entraînés, c'est sans doute parce qu'ils ont résisté à la force des torrents. Cela est si vrai qu'en bien des endroits du Jura, où le sol est complétement dégarni de cailloux, il s'en trouve ordinairement *sous* les blocs.

Vous voyez que si je ne suis pas d'accord avec vous en tous points, je n'en fais pas moins la part fort belle aux torrents dont vous vous êtes fait l'avocat.

DÉPOTS ALLUVIENS

DU BASSIN INFÉRIEUR DU RHONE,

DE LYON A LA MER.

Après avoir étudié les terrains alluviens du bassin du Léman, j'ai désiré suivre ces dépôts jusques à la mer.

La réunion de la société géologique de France à Chambéry, m'a décidé à passer par cette ville; j'ai visité l'un de ses dépôts alluviens, situé à une demi-lieue de la ville, à l'endroit où l'on prend le chemin qui monte au Désert; il a tous les caractères des dépôts que j'ai observés dans le canton de Vaud ; la rivière est à droite en montant, l'alluvion à gauche, elle est en grande partie formée de débris alpins avec blocs erratiques rayés et polis; une marne rougeâtre, qui paraît provenir des montagnes voisines, constitue la partie supérieure du dépôt.

J'ai regretté de ne pouvoir visiter le dépôt de Sonnaz ; on exploite avec succès une couche de lignite située dans sa partie inférieure, et M. l'abbé Chamousset possède un *cône de sapin fossile* trouvé dans cette localité; il a aussi recueilli quelques coquilles fossiles que M. le professeur Agassiz a reconnu appartenir aux genres *Planorbis*, *Valvata*, *Truncatula*, *Succinea* et *Lymnea* [1].

Sur la route de Chambéry à Lyon, à quelques lieues de cette dernière ville, j'ai retrouvé, entre Pont-Chéri et Janeyriat des collines étagées d'alluvion avec des blocs erratiques anguleux d'un volume de plusieurs pieds cubes. Au Molard, ces dépôts étagés reparaissent; on exploite du sable à leur surface.

Lyon. M. le professeur Fournet a eu l'obligeance de m'accompagner dans les localités les plus caractéristiques des alluvions sur lesquelles est située la partie de la ville entre la Saône et le Rhône. En quittant le fleuve au faubourg St-Clair, et suivant la montée de la Boucle, on trouve à droite le *conglomérat lacustre supérieur*, soit *terrain tertiaire* de la *Bresse*, qui dans les localités où M. Fournet a pu voir la superposition, repose sur la molasse marine, *tertiaire moyen*. D'après les géologues français, ce terrain commence à *St-Vallier* (Drôme), et s'étend jusque près de Dijon; sa plus grande puissance, aux environs de Lyon, est de 40 à 50 mètres; dans quelques localités, vers la Tour-du-Pin, il renferme une couche de *lignite*, entre deux couches d'argile; les fossiles que l'on y observe sont des *Lymnées* et des *Planorbes* [1]. J'ai retrouvé ce conglomérat dans plusieurs localités inférieures à St-Vallier, en particulier de Cadenet à Pertuis, le long de la Durance, où il n'a que quelques pieds de puissance et repose en stratification discordante sur la molasse marine. J'ai été frappé de voir les dépôts de Pertuis inclinés du côté de la ville, en sens inverse du courant qui les a charriés; J'avais fait la même observation sur nos alluvions du canton de Vaud, en particulier sur celles de Bougy. M. Fournet m'a appris que, d'après des nivellements faits à sa surface, le conglomérat bressan avait une pente générale de St-Vallier vers le nord, ce qui a fait supposer à M. Elie de Beaumont que ce dépôt avait été effectué dans un lac peu profond, par un cours d'eau dirigé

[1] M. Necker a aussi trouvé, dans les dépôts de Genève, des *Lymnées* et des *Planorbes* avec des *feuilles* et *faines* de *hêtre;* ces fossiles sont dans une marne grise; Etudes géologiques dans les Alpes, vol. 1, page 488.

du sud au nord dans le sens *de l'inclinaison de la surface de son dépôt.*

La nature des roches, la grosseur des matériaux, leur mode d'aggrégation, la nature du ciment, la position du dépôt, son inclinaison, tout m'a rappelé l'alluvion ancienne de nos contrées, et quant à moi, je ne puis voir dans le conglomérat lacustre que l'étage inférieur des alluvions erratiques.

L'*alluvion supérieure* qui recouvre le conglomérat repose sur lui en stratification concordante. Sa puissance varie de 1 à 20 mètres; elle se compose d'un grand nombre de couches de gravier, sable et limon, dont les supérieures ne sont pas toujours horizontales; on les dirait formées, dans quelques endroits, par un ensemble de petits torrents qui changeaient fréquemment de lit. Dans le chemin qui conduit du faubourg St-Clair au fort Montessui, ces stratifications sont disposées en voûte; c'est un ensemblé de dépôts concentriques de quelques pouces d'épaisseur, sur un diamètre d'une trentaine de pieds. M. Fournet m'a fait remarquer que souvent le diluvium était plaqué en forme de manteau contre les escarpements, les inégalités du sol, qu'il tapissait ainsi les hauteurs des environs de Lyon, depuis le niveau de la Saône à 162, jusqu'à 450 mètres au-dessus de la mer, les alluvions du bassin du Léman atteignent 514 et 585 mètres. En général je crois avoir observé que la stratification est d'autant moins régulière, que l'on s'approche de la surface du sol. M. Necker a donné, dans ses études géologiques des Alpes, plusieurs coupes des dépôts alluviens des environs de Genève.

Le conglomérat lacustre est formé de cailloux alpins, dont les plus gros atteignent le volume de la tête d'un enfant et y sont rares; mais je n'ai vu de *blocs anguleux* que dans l'alluvion supérieure; ils sont fréquents dans toute son épaisseur; ils atteignent souvent une grosseur de plusieurs mètres cubes et offrent ordinairement des traces de poli et des stries; ils sont placés dans un ensemble de couches de limon, sable et gravier, et rappelleraient la disposition des moraines, si les dépôts voisins n'étaient pas stratifiés. Cette disposition est inexplicable d'après la théorie des courants, qui d'un côté auraient opéré un véritable triage et formé des couches, et de l'autre auraient intercallé de gros blocs contre les lois de ce même triage [1]. En admettant que le glacier, dans une de ses périodes, a fait barrage contre les torrents, que ce glacier continuait de se mouvoir et de charrier des blocs, on peut se rendre compte de la disposition dont nous venons de parler et de la présence sur ces blocs de poli et de stries, phénomène que nous retrouvons dans le voisinage des glaciers actuels et qui n'a jamais été observé dans aucun courant d'eau [2].

[1] Un petit nombre des géologues qui adoptent les courants, ont essayé de déterminer la vitesse capable de transporter les blocs erratiques, mais ils n'ont pas indiqué en même temps les effets qui en sont le résultat, sous le rapport de la distribution des matériaux, de la stratification. Pour le transport des gros blocs, on admet une force en dehors de tout ce que nous connaissons; pour les menus débris et la stratification, on admet une force analogue à nos torrents. Mais comme ces dépôts ont été formés par une seule débâcle, d'après la théorie des courants, on ne peut comprendre la combinaison de ces deux forces dans un seul instant. M. Escher de la Linth, père, suppose cette vitesse de 175 pieds par seconde. Les eaux provenaient de lacs qu'il supposait avoir existé dans toutes les vallées alpines. M. L. de Buch avait d'abord indiqué le chiffre de 19,460 pieds par seconde; il le réduisit plus tard à 354 pieds. « Le courant, dit-il, tant par » son extrême rapidité que par le mélange de la grande quantité de matières » terreuses qu'il tenait en suspension, était capable de vaincre suffisamment » l'action de la gravité sur les blocs, pour les *empêcher de tomber ailleurs que* » *sur les digues que ce courant a rencontrées dans son cours.* »

[2] Lorsque le lac Léman est bien agité, la vague entraîne dans certains points des cailloux qui atteignent la grosseur d'une tête de chat; ces cailloux sont lancés contre les murs et les rochers qui bordent le lac; ces rochers et ces murs ne portent *aucune trace* de stries; ils sont simplement arrondis sans être *polis;* cependant rien ne devrait plus ressembler aux courants diluviens que les vagues sur les bords du lac, surtout si on se rappelle que, le 18 juillet 1841, ces vagues ont enlevé des masses énormes; en particulier, elles ont arraché et jeté à sept mètres de distance, un bloc de marbre du poids de 50 quintaux, placé pour soutenir un glacis au bord du lac à Vevey, près de la maison de mon ami Bérengier.

On compare quelquefois les courants à des torrents boueux. Nous avons eu occasion de voir l'éboulement boueux de la dent du Midi en 1835. Les blocs étaient sur le dos-d'âne au centre du courant et la boue coulait des deux côtés. Il est resté un group de blocs à une petite distance de la route de St-Maurice.

La partie supérieure du dépôt est formée de terre rougeâtre, dans laquelle les coquilles suivantes ne sont pas rares : *Helix hispida*, *H. arbustorum*, *Succinea oblonga*, *Cyclostoma elegans*, *Pupa*. C'est M. Fournet qui m'a nommé ces espèces [1]. On trouve fréquemment dans l'alluvion des fragments fossiles bien conservés de *Rhinocéros*, *Eléphant*, *Cerf*, *Mastodonte*. Ces débris ont-ils été remaniés ou appartiennent-ils à cette formation ?

Les travaux que l'on vient de faire au fort Montessui, qui couronne toutes ces alluvions, ont mis à nu une quantité de blocs erratiques, des serpentines, des gneiss, des calcaires des

La surface des blocs est arrondie et émoussée, mais pas polie. Il y a bien quelques blocs dont une face est polie et striée ; l'un d'entr'eux présente même une surface d'une vingtaine de pieds carrés, couverte de stries parallèles, mais cela nous a paru être le résultat de l'action d'un glacier à l'époque où la roche était en place. Cet ancien poli n'est pas contemporain des autres surfaces du bloc.

C'est un point qui mérite l'attention des géologues, que de rechercher s'il existe une autre cause que les glaciers, qui puisse polir et strier les cailloux et les roches.

[1] M. Alex. Braun, faisant des recherches dans le *Loes*, sorte de dépôt détritique, arénacé, qui date des premiers temps de la période diluvienne, a trouvé les mollusques suivants : *Helix arbustorum*, *H. hispida*, *H. montana*, *H. crystallina*, *H. pulchella*, *H. fulva*, *H. pygmaea*, *Achatina lubrica*, *Pupa dolium*, *P. marginata*, *P. edentula*, *P. secale*, *Vertigo pygmaea*, *Clausilia roscida*, *C. parvula*, *C. gracilis*, *Succinea amphibia*, *S. oblonga*. M. de Charpentier fait remarquer que toutes ces espèces vivent actuellement dans les endroits ombragés et frais des Alpes et du Jura ; il y en a même plusieurs qui aiment l'humidité. Il a de plus reconnu parmi les échantillons de l'*Helix arbustorum* que M. Braun lui a envoyés, plusieurs individus qui appartiennent évidemment à sa variété *alpicola* que l'on rencontre dans les Alpes jusqu'à une élévation de 7000 pieds.

Ces mollusques sont quelquefois accompagnés des mammifères suivants : *Elephas primigenius*, *Equus caballus fossilis*, *Bos briscus*, *Cervus eurycerus fossilis*. Il n'est guère probable que l'éléphant ait pu prospérer dans un climat aussi frais que celui qui convient aux mollusques que je viens d'énumérer. Essai sur les glaciers, page 336.

Il est bien remarquable de trouver les mêmes fossiles dans des alluvions analogues à Lyon, à la Sésille près de Nyon et sur les bords du Rhin, dans le grand duché de Baden, et que les mêmes espèces de coquilles ne se retrouvent vivantes aujourd'hui que dans les montagnes de la Suisse.

Alpes. Plusieurs de ces blocs sont anguleux et portent des traces de poli et de stries ; il y en a de plusieurs mètres cubes de volume. M. le professeur Fournet a obtenu des officiers du génie, que dans l'intérêt de la science, on conserverait ces témoins du phénomène erratique. Du sommet de la colline, l'on peut suivre toutes les modifications du sol qui apparaît sous formes d'étages peu distincts. Ces dépôts finissent brusquement le long du Rhône comme ceux que nous avons observés sur les bords du lac Léman.

Nous croyons que ces dépôts se sont accumulés pendant une seule période de l'époque des glaciers, la période alluvienne, celle que nous avons figurée dans notre carte du bassin du Léman. Leur étendue considérable ne nous a pas étonné, quand nous avons vu l'Aubonne, petite rivière du canton de Vaud, parcourant 2 à 3 lieues de pays, former les énormes dépôts de Bougy sur une surface de deux lieues de largeur, avec une puissance de 450 pieds.

Tout comme il n'est pas facile de se rendre compte par des courants liquides de la distribution des blocs erratiques dans les vallées des Alpes, et qu'on l'explique plus facilement au moyen d'un agent solide, d'un glacier, par exemple ; il en est de même pour les alluvions. Les géologues qui expliquent le phénomène par des courants, sont obligés d'admettre qu'ils sont partis de l'extrémité de toutes les vallées alpines et ont rongé en passant les alluvions accumulées sur leur passage, par les agents atmosphériques [1] ; ces courants, quoique très-rapides, arrivés dans une vallée à angle droit, ne se seraient pas jetés sur la rive opposée, où ils n'auraient déposé aucun débris ; ils auraient pivoté à leur embouchure dans des courants plus considérables, sans enlever les dépôts accumulés au point de jonction, point où ces dépôts sont ordinairement le mieux

[1] Ce n'est pas la même force qui aurait formé les dépôts et opéré plus tard l'érosion. Les alluvions de Jongny, Bougy, Nyon (canton de Vaud) ont été formées par des torrents qui coulaient dans une direction inverse à celle d'un courant venant des Alpes.

conservés. Ils seraient arrivés dans les grandes vallées, où le courant le plus éloigné, augmenté dans sa course de tous les courants latéraux, aurait balayé l'embouchure de tous les courants qu'il rencontrait, et donné la forme actuelle des berges que présentent les divers torrents à leur embouchure dans le Rhône. Mais on chercherait en vain, à l'endroit où la force a dû cesser, l'énorme dépôt alluvien provenant des débris accumulés de tous les autres. Voyez de Saussure, lithologie de la Crau, § 1595. Il faut supposer des masses d'eau énormes. D'où pourrait provenir l'eau qui a jailli, par exemple, des environs du St-Gothard, et qui a été en rayonnant transporter l'énorme quantité de blocs et de débris alpins que l'on rencontre dans toutes les vallées alpines et les plaines voisines des Alpes, jusqu'à une distance de plus de soixante-six lieues [1] ? On ne comprend pas pourquoi le courant qui a charrié les roches du Valais n'a pas dépassé le fort de l'Ecluse [2], car cette ouverture existait déjà à cette époque, ainsi que le prouvent les alluvions que l'on observe sur les flancs de la crevasse. Pourquoi le courant n'a-t-il pas continué jusqu'à la mer? Avec la grande vitesse qu'on est obligé d'accorder à ces courants pour le transport des gros blocs, comment expliquer cette distribution régulière du terrain erratique que l'on observe dans la plaine suisse, ces cantons si distincts du Rhône, de l'Arve, de l'Aar, de la Reuss, de la Limmat, que les belles recherches de M. Guyot nous ont fait connaître? On n'est pas plus heureux, lorsqu'il faut se rendre compte de ces dépôts non stratifiés, soit moraines qui forment des barres à travers nos vallées alpines, de ces dépôts stratifiés d'alluvion alpine disposés en étages, de ces coquilles terrestres si bien conservées que l'on trouve dans quelques alluvions.

L'hypothèse des glaciers a au moins ceci de commode, c'est qu'elle rend compte de tous les détails.

[1] C'est la distance que M. de Charpentier estime qu'ont dû parcourir les blocs du Steinhof depuis la vallée de Binnen. Essai sur les glaciers, p. 128 et 302.

[2] Les eaux n'ont pas transporté des fragments de blocs alpins au delà du Credo. De Saussure, voyage dans les Alpes, I, page 159.

Quelques géologues ont admis comme origine des courants, la fonte subite des glaciers par la roche primitive ignée, lors de son apparition dans les Alpes; elle serait venue en contact avec la glace, et de ce contact serait résulté la fusion instantanée de cette glace et les courants d'eau qui auraient transporté les blocs et débris erratiques. Nous doutons que ce contact eût produit beaucoup d'eau; il aurait plutôt donné lieu à des vapeurs. De plus, l'étude des lieux, la position du terrain erratique sur les roches primitives des Alpes, nous prouvent que le phénomène erratique est beaucoup postérieur au relèvement de ces Alpes par la masse primitive. La quantité de moraines que l'on observe en descendant du glacier du Rhône, porterait aussi à croire que s'il a existé des glaciers sur les Alpes, c'est postérieurement à l'apparition de la roche primitive [1]. Alors comment

[1] Quant à la question de l'âge relatif de l'époque du soulèvement et de l'époque du dépôt, voici l'opinion de M. de Charpentier. « Si la dispersion des débris » erratiques avait en quelque sorte accompagné le soulèvement des Alpes, ou » l'avait suivi de très-près, on devrait trouver ces débris *généralement* recou- » verts et ensevelis par le diluvium, ce qui cependant n'a pas été observé par » M. Mousson dans la Suisse orientale, ni par moi dans la Suisse occidentale. » Essai sur les glaciers, par J. de Charpentier, p. 339.

Voici l'ordre que le même géologue assigne aux phénomènes diluviens, depuis le dernier soulèvement des Alpes : « 1. configuration du sol des vallées et de la » plaine entre les Alpes et le Jura; 2. dépôt du terrain diluvien; 3. dépôt du » terrain erratique. » Essai sur les glaciers, p. 328.

En suivant avec attention les dépôts erratiques, les moraines, les blocs depuis la plaine jusqu'aux moraines frontales des glaciers actuels; on se convaincra que tous ces dépôts appartiennent au même phénomène, qu'ils se lient intimément entr'eux. Si un relèvement avait lieu depuis cette époque, cette liaison n'existerait plus. C'est à la suite d'une course que je fis en 1836 à Auzeindaz, avec MM. de Charpentier, Agassiz et mon beau-frère Fr. de Thielmann, que je devins partisan de l'hypothèse des glaciers. M. de Charpentier nous fit suivre tous les phénomènes de détail, les moraines, les roches polies et striées, depuis la plaine jusqu'au glacier de Panerossaz; nous avons pu comparer ce qui se passe actuellement devant le glacier, avec ce qui s'était passé sur le terrain que nous avions parcouru. J'ai retrouvé depuis le même ensemble de Berne au glacier de l'Aar et dans les vallées alpines que j'ai parcourues qui se terminent par un glacier.

Le phénomène est plus compliqué dans le dépôt de Bougy, et bien davantage encore dans les environs de Lyon, mais c'est une raison de plus de l'étudier.

le granit se trouvait-il déjà dans le diluvium avant l'arrivée des courants qui ont fait érosion?

Rien ne prouve qu'à l'époque du relèvement des Alpes par la masse primitive, une partie du pays fût recouverte par les glaciers; ce que nous connaissons de cette époque-là, prouverait plutôt le contraire.

Revenons aux alluvions du Rhône; en descendant ce fleuve de Lyon avec le bateau à vapeur, nous avons retrouvé dans le voisinage de la plupart des torrents d'un certain volume, des dépôts analogues à ceux que nous avons observés dans le bassin du Léman; ils sont aussi proportionnels au volume d'eau qui les avoisine.

A *Ste-Colombe*, vis-à-vis de Vienne, Isère, il existe un petit dépôt en dessous de la ville; on en voit un autre au-dessus *des Roches*, vis-à-vis de Condrieux [1]. Au-dessus de Tain, dans le voisinage de *La Roche*, se trouvent les alluvions de l'Isère, sur une étendue de plusieurs lieues. J'ai cru y distinguer trois étages et n'ai observé de dépôts que sur la rive à droite de l'embouchure.

On voit un petit dépôt près de *Charmes*.

Les alluvions de l'Erieux sont entre *Lavoulte* et la rivière.

Celles de la Drôme se trouvent sur la rive gauche de la rivière, dans le voisinage de *Loriol;* je n'ai pas bien pu observer si leur disposition était aussi étagée.

On trouve des alluvions sur les deux rives, à l'embouchure de l'Ardèche.

Les alluvions de la Durance m'ont paru plus étendues que celles des rivières voisines. M. Requien a observé aussi trois étages: l'un aux environs d'*Avignon*, à une hauteur de 15 mètres au-dessus du Rhône; le second à *Gadane*, à 50 mètres; et le troisième à *Châteauneuf-du-Pape*, à 80 mètres de hauteur.

C'est sur le flanc septentrional de la chaîne de montagnes qui sépare Aix de Marseille et qui est couronnée par Notre-Dame-

[1] M. le professeur Fournet donne aux étages le nom de *talus d'entraînement*. Il en a observé plusieurs auprès de Condrieux et une foule le long des montagnes de l'Ardèche.

des-Anges, que se trouvent les derniers fragments de blocs erratiques; les glaciers auraient envahi toute la plaine de la Crau, et le fleuve qui s'écoulait du glacier aura probablement charrié les sables jusque près de Nîmes et de Montpellier.

De Lyon à Avignon, toutes les montagnes qui bordent le Rhône sont arrondies, leurs arrêtes ont disparu, on ne voit pas de dents sortir des déchirures de leur relèvement. M. Agassiz a donné aux sommités ainsi modifiées le nom de *roches moutonnées*; il signale cette apparence comme caractéristique des montagnes qui ont été recouvertes par les glaciers, et peu de localités moutonnées des Alpes m'ont paru aussi pelées, rapées que les montagnes *primitives* et secondaires qui encaissent le Rhône. On ne voit que deux mamelons basaltiques qui font saillie près de *Rochemaure*, Ardèche, et une petite dent sur la montagne de Viviers, Ardèche. Toutes les roches détachées ont été balayées.

J'ai été visiter la vallée d'Auriol, au levant de Marseille. Là les montagnes ont conservé leurs arrêtes; les déchirures de relèvement se distinguent facilement; près de ces déchirures, on voit une quantité de blocs détachés, je n'y ai rencontré ni blocs, ni alluvions erratiques.

D'Avignon à Valence, presque tous les torrents, l'Oegues, le Louson, la Berle, la Rialle, la Drôme, arrivés dans la plaine coulent dans un lit plus élevé que la plaine elle-même, des digues probablement artificielles empêchent ces torrents de se répandre sur les terres. Ce sont ces digues qui maintiennent une certaine force d'impulsion au cours d'eau et lui permettent d'entraîner ses débris dans le Rhône, sans cela le cône de décombres de chaque torrent continuerait à s'élever.

L'opinion est assez répandue dans ces contrées que le lit du Rhône s'élève; on dit qu'il s'est élevé d'un mètre en 1840, mais on n'a pu me donner aucune preuve de cet exhaussement [1].

[1] Nous rappellerons l'opinion que nous avons émise dans notre premier mémoire, au sujet du cours du Rhône, de St-Maurice au lac Léman, où le lit paraît naturellement s'exhausser ; il serait possible qu'aux environs d'Avignon il en fût de même : c'est une question à étudier. Voyez l'opinion de Saussure, § 1572, alluvions de la Durance.

M. Fournet croit que le lit du Rhône n'a pas changé de hauteur à Lyon, il se fonde sur les faits suivants : une ancienne prise d'eau construite par les Romains, pourrait encore servir aujourd'hui au même usage, la base des vieux ponts, tel que celui de la Guillotière, n'est pas encombrée.

En nous résumant, nous trouvons que pour suivre à l'hypothèse des courants, on est obligé d'admettre une espèce de *merveilleux*, des forces extraordinaires, surnaturelles et ne suivant pas les mêmes lois que nous observons aujourd'hui pour des phénomènes analogues ; ainsi les courants diluviens arrivés dans la plaine creusaient leur lit dans les alluvions au lieu de l'élever comme les torrents actuels, ou bien ces courants transportaient à la fois de la boue, du gravier et de gros blocs, avec une vitesse extraordinaire et n'en déposaient pas moins des couches distinctes et régulières de limon, gravier et sable. Les courants ne déposaient pas de cônes de décombres. Les blocs entraînés conservaient une partie de leurs arrêtes et cependant leurs faces portaient des traces de poli et des stries.

L'hypothèse des glaciers ne change rien aux lois et forces admises et n'a besoin pour sa réalisation que la supposition d'un abaissement de température de quelques degrés.

Quant à la cause de cet abaissement, M. de Charpentier a émis son opinion sur ce sujet : ce sont, dit-il, les eaux pluviales, fluviales, lacustres ou marines, qui ont pénétré par la multitude de crevasses formées par le dernier soulèvement alpin ; ces eaux, en contact avec la masse ignée, se sont réduites en vapeurs [1], qui, se répandant dans l'air et se convertissant

[1] Nous rappellerons la note qui se trouve à la page 317 de l'Essai sur les glaciers. M. Pœppig, en parlant des vapeurs qui s'échappent du volcan d'Antuco, nous dit : « Un phénomène qui n'est point le résultat d'une illusion d'optique, » a été fréquemment observé à Antuco ; c'est la transformation de ces vapeurs » en véritables nuages . . . . ils finissent par s'attacher aux cimes des montagnes, » où ils se mêlaient toujours le soir avec les brouillards qui s'élevaient du fond » des vallées ; ce dernier accident était immanquablement suivi d'une pluie. » Une longue expérience a tellement convaincu l'habitant d'Antuco, qu'il envi» sage le volcan comme créateur des nuages. » Voyage au Chilli, p. 423.

A la suite de quelques années pluvieuses, d'après M. de Charpentier, le glaen brouillards et en nuages, ont intercepté les rayons du soleil et diminué son action calorifique. Le climat de ces contrées devint plus humide et plus froid, voyez Essai sur les glaciers, § 81 et 82.

M. Agassiz a cherché dans quelques localités de l'Europe, des preuves d'une température plus basse à une époque correspondante à celle des glaciers. Ainsi dans les alluvions de l'Ecosse il a trouvé des coquilles mortes qui n'existent vivantes aujourd'hui que dans les contrées les plus septentrionales de l'Europe. Il a aussi reçu de Sicile des mollusques qui ne vivent plus sur les côtes de la Méditerranée, mais seulement dans le nord des Iles Britanniques.

Ajoutons à cela que M. Alex. Braun a trouvé dans le *Loes* du Grand Duché de Baden les mêmes espèces de coquilles terrestres que l'on rencontre fossiles dans la partie supérieure des alluvions de Lyon. *Helix hispida*, *H. arbustorum*, *Succinea oblonga*, etc., etc. et que les mêmes espèces ne vivent aujourd'hui que dans les montagnes de la Suisse, où elles atteignent d'après M. de Charpentier, une altitude de 7,000 pieds. Voilà un autre jalon.

Du reste, lors même que nous n'arriverions pas à connaître la cause du réfroidissement, ce ne serait pas une raison pour ne pas l'admettre, lorsqu'un ensemble de faits semble le prouver.

cier du Rhône a avancé, en 1818, de 150 pieds ; le même géologue ne demande que 774 années comme celle de 1818, pour faire avancer le glacier du Rhône de 900,000 pieds, soit 66 lieues que mesure la route du fond du Valais à Soleure; route qu'ont suivi les blocs du Steinhof. Essai sur les glaciers, p. 302.

EXTRAITS

DES VOYAGES DANS LES ALPES,

PAR H. B. DE SAUSSURE.

CAUSE DES COURANTS DILUVIENS.

§ 210. « Les eaux de l'Océan, dans lequel nos montagnes ont » été formées, couvraient encore une partie de ces montagnes[1], » lorsqu'une violente secousse du globe ouvrit tout à coup de » grandes cavités, qui étaient vides auparavant et causa la rup- » ture d'un grand nombre de rochers.

» Les eaux se portèrent vers ces abîmes avec une violence » extrême, proportionnée à la hauteur qu'elles avaient alors, » creusèrent de profondes vallées et entraînèrent des quantités » immenses de terres, de sable, et de fragments de toutes » sortes de rochers. Ces amas à demi-liquides, chassés par le » poids des eaux, s'accumulèrent, jusqu'à la hauteur où nous » voyons encore plusieurs de ces fragments épars.

» Ensuite, les eaux qui continuèrent de couler, mais avec » une vitesse qui diminuait graduellement, à proportion de la » diminution de leur hauteur, entraînèrent peu à peu les par- » ties les plus légères, et purgèrent les vallées de ces amas de

[1] Le petit nombre de dépôts tertiaires torrentiels que l'on rencontre sur les Alpes, et l'absence de dépôts marins de même formation nous porterait à croire qu'au moment de leur soulèvement, l'océan ne les recouvrait plus.

» boue et de débris, en ne laissant en arrière que les masses les
» plus lourdes et celles que leur position ou leur assiette déro-
» bait à leur action.»

M. le professeur Studer, demande avec raison : « Qu'est
» devenu le reste des débris qui auraient rempli nos vallées
» jusqu'à une grande hauteur, et dont ces blocs n'auraient formé
» que la plus petite portion? le déblaiement de ces matériaux
» par des courants arrivés postérieurement, suppose des révo-
» lutions tout aussi formidables que la première débacle elle-
» même, et les gros blocs exposés à un frottement continuel,
» n'auraient pu conserver leurs arrêtes. » Nous ajouterons ce
que Saussure lui-même dit page 159. « Les eaux n'ont pas
» transporté des fragments de blocs alpins au delà du Credo.

DÉPÔTS DU RHÔNE INFÉRIEUR.

» § 1551. Je me suis souvent demandé d'où a pu provenir
» cette immense quantité de cailloux de quartz que l'on trouve
» accumulés, et dans les plaines qui sont entre Lyon et le Jura,
» jusqu'à Avignon et plus bas encore; car ces mêmes qnartz
» font, comme je le dirai ailleurs, au moins les sept huitièmes
» des cailloux roulés qui couvrent la grande plaine de la Crau.
» L'origine de ces cailloux est d'autant plus difficile à déter-
» miner, que dans toutes les montagnes qui bordent le Rhône,
» et même dans les chaînes attenantes, on n'en connaît aucune
» d'une certaine étendue qui soit en entier de cette pierre, ni
» même des grès durs non effervescents.

» § 1625. A trois quarts de lieue de *St-Vallier*, l'on trouve
» une plaine semblable en petit à celle de la Crau, les cailloux
» sont moins gros que ceux de la Crau dans le voisinage de
» Sallon, mais bien autant que ceux de cette même plaine dans
» le voisinage d'Arles. Les cailloux sont presque tous de *quartz*
» d'un blanc-grisâtre en dedans, mais sujets à prendre au
» dehors des teintes noires, jaunes ou rougeâtres. On va jus-
» ques au-dessus d'Auberive par des plaines de cailloux sem-
» blables aux précédentes.

» § 1626. Des ces plaines on descend au village d'*Auberive*, » qui est situé dans un fond au bord d'un assez joli ruisseau » nommé la *Valèse*. En faisant cette descente, on voit à sa gau- » che un banc, épais de plus de 20 pieds, d'un beau sable blanc » *quartzeux*. Il ne contient aucun caillou, ni aucun autre corps » étranger; mais il est recouvert d'un banc d'argile grisâtre, » sur lequel repose une grande épaisseur de cailloux roulés, » mêlés de terre rouge et de grands blocs de *granitoïdes*. De » l'autre côté de la rivière, on retrouve les mêmes bancs hori- » zontaux dans l'escarpement des fallaises qui dominent la » rivière.

» § 1627. Visitant dans le voisinage une excavation faite pour » extraire du gravier, ce qui m'étonna beaucoup fut de trouver » entre le sable et les cailloux, un énorme bloc de rocher que » je désigne sous le nom de *roche primitive* dure. On le brisait » pour employer ses fragments, à la construction d'un pont que » l'on devait établir dans le voisinage. Il était d'autant plus » remarquable que c'est le seul que j'aie vu de cette grandeur » dans cette partie de la France.

» § 1636. En revenant à Vienne, je trouvai dans un ruisseau » peu éloigné de celui de *Bougelais*, un gros bloc d'un beau » jaspe fleuri, mêlé de violet foncé et de blanc. »

Les détails que nous donne H. B. de Saussure, dans le § 1626 nous feraient supposer que les débris accumulés près du ruisseau de la Valèse, proviennent du sable des alluvions supérieures des quartz, et de plus de celles que les agents atmosphériques ont enlevées aux montagnes voisines, le glacier aurait aussi fourni son tribu en déposant les blocs qu'il charriait lui-même.

Limite inférieure du bassin de l'*Isère*.

§ 1572. « Toute la plaine de Livron à Valence, est couverte » de cailloux roulés, moins nombreux auprès de Livron, dont » la colline qui se prolonge au nord du village, a préservé les » environs des cailloux qui venaient des Alpes, mais ensuite ils » sont extrêmement abondants.

» Entre Loriol et la Paillasse, on commence à voir dans les » champs et sur le chemin même les cailloux roulés de l'Isère, » reconnaissables à la quantité de *Horneblende noire* qu'ils ren- » ferment dans des *schistes* de différentes espèces, et surtout à » la *Variolite du Drac*, etc.

» Cette plaine est bornée à droite ou à l'est par des collines » de cailloux roulés, par-dessus lesquelles on voit comme dans » le bassin de notre lac, la première ligne des montagnes cal- » caires des Alpes. Cailloux roulés *de l'Isère*. § 1572 à 1589. » *Variolite du Drac*, *Variolite* à base *d'Horneblende* et de *petro-* » *silex*, différentes espèces de *Porphyres*, *Schistes de Horne-* » *blende* et de *Feldspath* de Challenches, *Granite* et *Jade*.

» Alluvions de la *Drôme* § 1571. Cette petite rivière ne charrie » presque d'autres cailloux que du genre *calcaire*.

» Bassin de *Montelimar*, § 1553 à 1564. On observe sur la rive » gauche des fragments de *Basalte* du poids de plusieurs quin- » taux, et cela jusqu'à une demi-lieue au nord de la ville, on » trouve de plus des *Porphyres* violets, des *Laves* violettes et » des *Grès rouges* schisteux.

» Cailloux de *Courthezon* près du château neuf du Pape. Ces » cailloux sont presque tous d'un *quartz* dur comme ceux de » St-Vallier et ceux qui sont si fréquents à la Crau, on y voit » de plus du *Basalte* noir et du *Calcaire* en petite quantité.

» Cailloux de la *Durance*, § 1539. *Variolites* de Servières, » *Porphyre*, verd, rouge, noir, brun, gris, schisteux, *Lave* » porphyrique, *Granits*, *Granits* d'*Horneblende* et de *Feldspath*, » *Schistes* des mêmes éléments, *Granit* de *Jade* et de *Smarag-* » *dite*, un fragment anguleux d'un *Grès* vert particulier, diffé- » rents *Calcaires*, des Quartz, des *Serpentines*, des *Grès* et des » *Poudingues*. Entre Avignon et la Durance on ne voit aucun » caillou roulé ; le limon que le Rhône a déposé sur ces terres, » les a nivelées et fertilisées en recouvrant les pierres que les » anciennes révolutions avaient charriées.

» § 1593 à 1602. *La Crau. Campus Lapideus* ou *Herculeus*. » C'est un vaste désert où de tous côtés, excepté au nord, on » ne voit que le ciel et des cailloux roulés. Sa forme est trian-

» gulaire, le sommet de l'angle est tourné vers la mer. Sa sur-
» face est d'environ 20 lieues carrées. *Darluc* attribue l'accu-
» mulation de ces cailloux aux vagues de la mer qui auraient
» couvert anciennement ces parages. *Solery* et *Lamanon* croient
» que ces cailloux ont été charriés par la Durance. *De Servières*
» attribue au Rhône les amas de cailloux des environs de Nîmes et
» ceux de la plaine de la Crau.

» Cailloux de la *Crau*. Les sept huitièmes appartiennent à une
» espèce de *Grès* voisin des *Quartz*, voyez § 1625 et 1550; ils
» ont rarement une structure schisteuse. La *roche de corne* de
» couleur verte; ici schisteuse; là en masse. Le *Porphyre* à
» grains de quartz. Un *Jaspe* d'un rouge vineux, l'*Hématite* mi-
» cacée rouge, la *pierre de touche* d'un noir gris-bleuâtre, le
» *Granit* de Jade et Horneblende; outre cela des pierres *cal-*
» *caires*, différentes espèces de *Silex*, du *Granit*, des *Schistes*
» de *Horneblende* semblables à ceux de l'Isère, des *Serpentines*,
» et enfin des *Variolites* de la Durance extrêmement rares.

» Ce ne sont pas les mêmes espèces que dans la Durance;
» elles n'y sont pas dans les mêmes proportions. Les quartz qui
» forment la pluralité des cailloux de la Crau, ne dominent point
» sur les bords de la Durance; les variolites, si communes sur
» les bords de la Durance, sont très-rares dans la Crau; enfin,
» ces porphyres à cristaux de Feldspath, dont j'ai trouvé tant
» de variétés dans le lit de la Durance, sont si rares à la Crau,
» que je n'en ai pas aperçu un seul. En revanche, j'ai trouvé
» dans la Crau des espèces que je n'ai point vues sur les bords
» de la Durance. En somme, je ne crois pas que les cailloux
» analogues à ceux de la Durance fassent la seizième partie de
» ceux de la Crau. Je dirai de plus, qu'il me paraît impossible
» qu'un courant aussi peu considérable que celui de la Durance
» ait pu non-seulement charrier, mais encore *niveler* ces cail-
» loux sur toute la surface d'une plaine qui a 20 lieues carrées
» d'étendue.

» J'ajouterai enfin, que les cailloux de la Crau sont généra-
» lement plus gros que ceux de la Durance; la plupart sont gros

» comme la tête d'un homme ; on en voit de la grosseur d'une » tête de cheval.

» Les mêmes arguments, quoique moins forts contre le Rhône » que contre la Durance, m'empêchent aussi de regarder ce » fleuve comme le véhicule des cailloux de la Crau.

§ 1597. C'est un *poudingue arenaceo-calcaire* qui forme la » base de toute la plaine de la Crau ; ce poudingue commence » tout près de la surface et il a en quelques endroits, d'après » Darluc, jusqu'à 50 pieds de profondeur. Je l'ai examiné avec » soin ; sa pâte est en général composée d'argile, de sable et de » petits graviers liés par un gluten spathique calcaire ; il y a » même beaucoup d'endroits où le spath calcaire remplit seul » les interstices des cailloux. »

Je n'ai pas vu la plaine de la Crau ; mais d'après la description qu'en fait H. B. de Saussure, et ensuite de l'analogie qu'il établit lui-même de cette plaine avec les dépôts de St-Vallier, § 1625, il paraîtrait que c'est une même cause qui a formé ces deux alluvions, ainsi que toutes celles auxquelles on a donné le nom de conglomérat lacustre supérieur. Seulement à la Crau, cette alluvion est très-considérable.

« § 1598. Puisque la plupart des cailloux de grès de la Crau » sont plus gros que ceux que l'on trouve plus haut dans la » vallée du Rhône, on ne peut pas supposer qu'ils aient été dé- » tachés des mêmes montagnes. En effet, les plus gros débris » sont toujours les plus voisins de leur source, et ils diminuent » graduellement de volume à mesure qu'ils s'en éloignent. »

On voit que, malgré le désir de ce géologue distingué, d'attribuer ce phénomène à un courant, il trouve dans l'étude des détails, des faits contraires aux lois de distribution des matériaux charriés par les cours d'eau. Si l'on rapproche cette idée d'une autre qu'il a émise après avoir traité de l'origine des cailloux roulés des environs de Genève, § 219, « Je trouve bien » sous mes pas, dit-il, des matériaux qui ont été charriés ; mais » il faudrait, pour avoir une conviction parfaite, découvrir les » ornières du *char* qui les a transportés. » Aurait-il entendu par là le transport des matériaux par un agent solide. Le char de Saussure serait alors le glacier de quelques géologues.

« § 1600. Demi-heure avant d'arriver à Arles, près du pont » de la Crau, le chemin coupe des collines composées de » cailloux roulés, mais d'un tout autre genre que ceux de la » Crau ; premièrement, ils sont beaucoup plus petits, ensuite » c'est le genre *calcaire* qui y domine et qui en forme presque » les neuf dixièmes : c'est un calcaire jaunâtre et d'une nature » marneuse. L'origine de ces collines est donc bien différente » de celle de la Crau. »

Nous voyons que la plupart des alluvions dont nous venons de parler, forment des cantons distincts, comme ceux que M. le professeur Guyot a observés dans la basse Suisse ; Saussure lui-même en a été frappé : dans les uns les quartz dominent, dans d'autres c'est le calcaire ; les variolites jouent aussi un rôle très-important. Une seule roche commande tout le phénomène, a envahi tout le bassin, et rappelle le glacier du Rhône qui a aussi envahi toute la plaine de la Suisse. Peu versé dans la géologie, je ne puis indiquer l'origine de ces quartz, qui d'après leur distribution géographique paraîtraient provenir des montagnes de l'Isère. En admettant l'hypothèse du transport par les glaciers, celui de l'Isère, dans sa plus grande période, se serait probablement étendu jusque sur la plaine de la Crau et lui aurait fourni les cailloux qui la composent.

ALTITUDE ET PENTE DU RHONE.

INDICATION DES LIEUX.	Distances partielles.	Distances cumulées.	Ordonnées au-dessus de la mer.	Pentes moyennes par kilomètre.
	Kilomètres	Kilomètres.	Mètres.	Mètres.
Embouchure du Rhône. . . .	0,000	0,000	0.00	0.000
ARLES.	41,700	41,700	2.22	0.053
Tarascon.	15,580		6.71	0.288
Roquemaure.	45,580		24.50	0.391
Embouchure du Lez.	21,420		86.17	0.545
VALENCE.	95,590	215,610	107.00	0.742
Embouchure de l'Isère. . . .	6,276		111.36	0.694
id. de la Galaure. .	28,068		127.21	0.565
id. du Bancel. . . .	7,096		130.63	0.482
id. du Dolon. . . .	8,920		134.69	0.444
id. de la Varaise. . .	14,690		142.07	0.509
Vienne.	16,530		149.58	0.442
Givors.	11,015		154.61	0.474
LYON.	15,470	327,375	162.86	0.543
Thil.	20,000		181.50	0.932
Embouchure de l'Ain.	15,500		191.50	0.645
Le Sault.	28,000		200.00	0.303
Port-Bigarre.	3,500		202.50	0.714
Groslée.	22,100		209.00	0.294
Cordon.	12,500		215.00	0.480
Le PARC (où finit la navigation actuelle).	61,800	490,775	274.00	0.954
Bellegarde.	12,500		297.59	1.887
Perte du Rhône.	2,918		308.81	3.845
Moulin-Neuf (sous Chevrier).	8,595		326.54	2.063
Frontière de la France et de la Suisse.	4,591		336.12	2.086
Moulin de Charlux.	5,250		344.85	1.663
Ruisseau de Charmilles. . . .	3,880		350.15	1.366
Bois de Bay.	6,270		361.00	1.730
Moulin de Vaux.	5,100		367.40	1.255
Lac Léman	5,218	545,907	375.00	1.456

Nous pouvons, pour le moment, ajouter les localités suivantes :

Porte du Scex.	390.0.	Distances du lac.
Massonger.	401.8.	
Pont de St.-Maurice.	410.8. . .	4 1/2 lieues.
Lavey.	432.0.	
Martigny.	475.0. . .	8 id.
Embouchure de l'Iserable	490.0.	
Riddes.	505.0.	
Près Sion	515.0. . .	13 id.
Brieg	665.0. . .	24 id.
Pied du glacier du Rhône.	1684.0. . .	55 id.
Idem, de Pannérossaz	2371.5. . .	10 id.

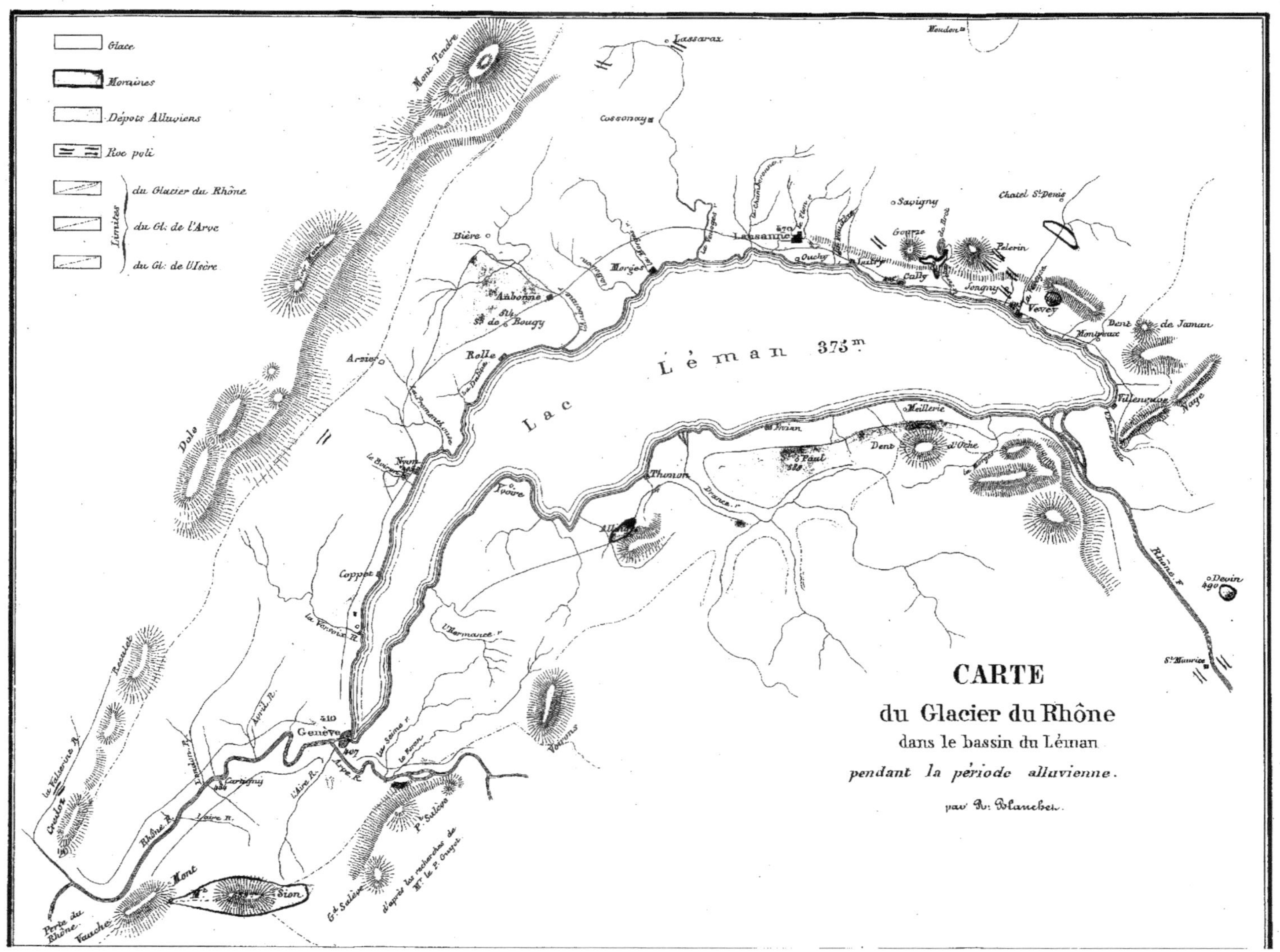
CARTE
du Glacier du Rhône
dans le bassin du Léman
pendant la période alluvienne.
Glace
Moraines
Dépots Alluviens
Roc poli
Limites
du Glacier du Rhône
du Gl. de l'Arve
du Gl. de l'Isère
Lac Léman 375m
Lassaraz
Cossonay
Lausanne
Ouchy
Savigny
Chatel St Denis
Pelerin
Vevey
Dent de Jaman
Montreux
Villeneuve
Naye
Meillerie
Evian
Dent d'Oche
Thonon
Yvoire
Morges
Aubonne
Rolle
Bière
Arzier
Nyon
Coppet
Genève
Carouge
Voirons
Mont Tendre
Dole
Reculet
Credoz
Perte du Rhône
Vauche
Sion
Gd Salève
Pt Salève
Rhône R.
Arve R.
Devin
St Maurice

www.ingramcontent.com/pod-product-compliance
Ingram Content Group UK Ltd.
Pitfield, Milton Keynes, MK11 3LW, UK
UKHW020447230726
13925UKWH00004B/1836